A BRIEF HISTORY OF OCEANS FOR CHILDREN

海洋简史

少年简读版 ③

干焱平 ◉ 主 编

青岛出版集团 | 青岛出版社

图书在版编目（CIP）数据

海洋简史 : 少年简读版 . 3 / 干焱平主编 . -- 青岛 : 青岛出版社 , 2024.4
ISBN 978-7-5736-2097-2

Ⅰ . ①海… Ⅱ . ①干… Ⅲ . ①海洋—文化史—世界—少年读物 Ⅳ . ① P7-091

中国国家版本馆 CIP 数据核字 (2024) 第 058046 号

HAIYANG JIANSHI （SHAONIAN JIANDU BAN）

书　　　名	海洋简史（少年简读版）
主　　　编	干焱平
副 主 编	刘晓玮
出 版 发 行	青岛出版社（青岛市崂山区海尔路 182 号）
本 社 网 址	http://www.qdpub.com
责 任 编 辑	唐运锋　李康康
助 理 编 辑	胡肖肖
封 面 设 计	刘　帅
排　　　版	青岛艺鑫制版印刷有限公司
印　　　刷	青岛新华印刷有限公司
出 版 日 期	2024 年 4 月第 1 版　2024 年 4 月第 1 次印刷
开　　　本	16 开（889mm×1194mm）
印　　　张	20
字　　　数	400 千
书　　　号	ISBN 978-7-5736-2097-2
定　　　价	136.00 元（全四册）

编校印装质量、盗版监督服务电话　4006532017　0532-68068050

前 言
PREFACE

海洋是人类文明的摇篮。从人类诞生开始，海洋就是不可忽略的存在。和海洋相比，人类的历史长度不过寥寥。可以说，海洋的痕迹深深印刻在人类历史的每个阶段，而人类也以此构建了海洋文明。从食鱼果腹到使用海贝作为钱币和装饰品，从鱼叉到现代化航母……不论是野蛮的原始部落时期，还是发达的帝国城邦时期，人和海洋的缘分一直彼此缠绕，无法分离。

地球上有太多的生物依靠海洋的馈赠而活。人类在历史中砥砺前行，文明的发展离不开海洋的慷慨。不过，海洋有时也有自己的脾气，惊涛骇浪、潮灾海啸、侵蚀海岸……这些无可避免的灾难，展示着海洋摧枯拉朽的强大力量，提醒着人们要有敬畏之心。当然，人类也以不可思议的速度，将自己的身影根植在海洋的历史之中。航行、潜水、灯塔、海盗、渔场、航母……人类以独特的智慧，依靠海洋创造出了丰富厚重的文明历史。

以自然风光和文明之光做笔，描绘一幅关于海洋的美丽长卷。这本《海洋简史》，有渔民生活、海洋帝国，也有古船港口、海洋科技……将多姿多彩的海洋文明用简洁而翔实的文字叙述，用精美而多彩的画作描绘，只希望读者能更加了解海洋的文明。在这颗大部分被海洋所覆盖的星球上，海洋与人类、与文明交相辉映，我们将在这里一一呈现，只等你来感受与探索。

目 录
CONTENTS

第二章
航海时代

第一章 海洋大国

两千多年前，古罗马哲学家西塞罗说过一句话："谁控制了海洋，谁就控制了世界。"这句话被世界上许多国家奉为真理。古往今来，几乎所有国家都有过征服海洋的野心，并为此去开辟，去拼搏。可海洋不会完全属于谁，那些以为自己征服了海洋的国家，其实是被海洋征服了。

古埃及：从河到海

古埃及最初位于非洲东北部的尼罗河中下游流域。严格来说它不能算是海洋国家，但它以强势的军事力量为基础，不断向外扩张，成了名副其实的海洋强国。地中海和红海变成了它的"内湖"。

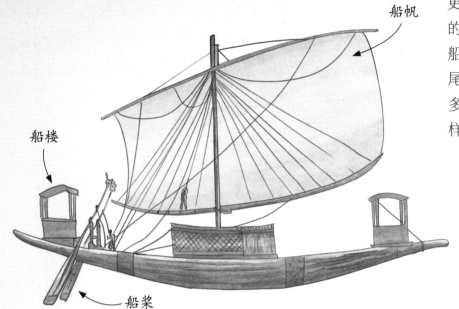

船帆

船楼

船桨

▲ 古埃及帆船

发达的造船业

古埃及人最早用纸莎草或芦苇造船，后来很快就舍弃了这种做法，开始使用雪松木等木材造帆船。古埃及帆船大多是单桅，更大些的船如王室祭祀用的船则是双桅或者三桅。船两侧各有一排船桨，船尾处有船楼。公元前4000多年，古埃及人就驾着这样的船驶向海洋。

▶ 古埃及新王国时期的海军

开放的贸易交流

有了好船，古埃及人能前往更远的地方。古埃及商人会带着满船的纸莎草纸、亚麻布、金属器皿等埃及特色商品前往地中海和红海流域的国家，将商品卖出去，然后再将金银器、铁器、兽皮、香料等商品带回埃及或者倒卖出去。

◀ 贸易往来

古埃及商人

古埃及服饰以棉麻为主。

小百科

古埃及托勒密王朝时期，首都亚历山大里亚是当时最大的城市，也是地中海东部经济和文化中心。

2

征战四方

古埃及的海军舰队有着强劲的军事力量，新王国时期，古埃及凭借这股力量控制了现在的努比亚、叙利亚、黎巴嫩和巴勒斯坦。在图特摩斯三世的领导下，古埃及将地中海和红海占为己有，一时风头无两。

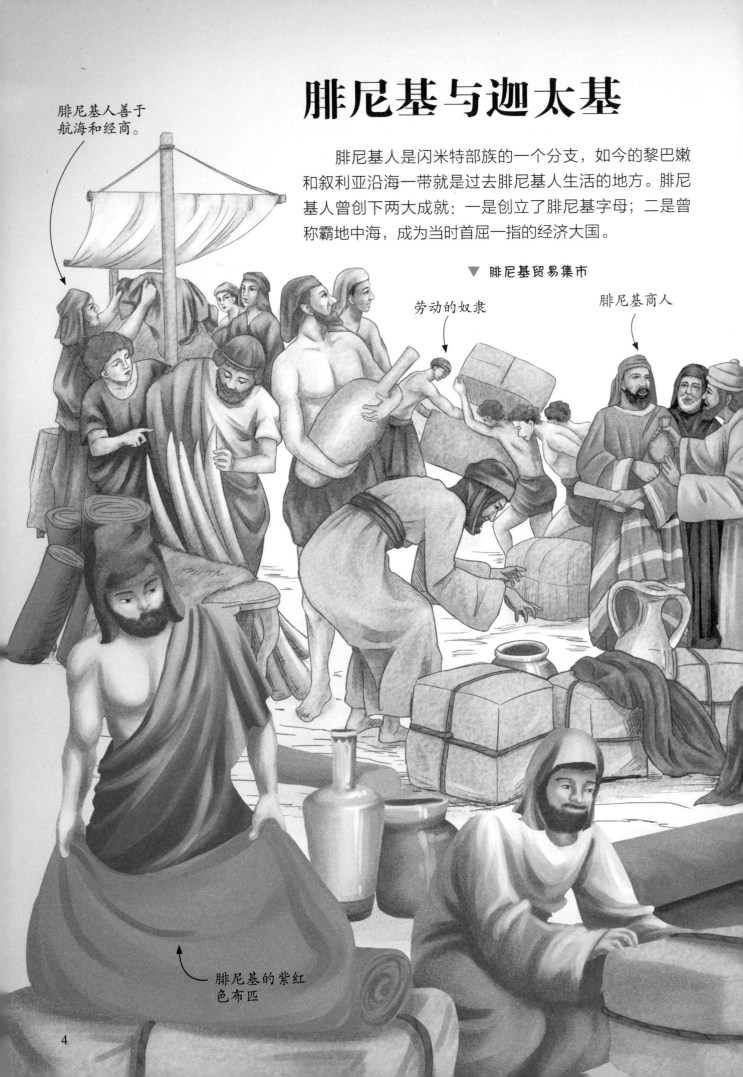

腓尼基与迦太基

腓尼基人善于航海和经商。

腓尼基人是闪米特部族的一个分支，如今的黎巴嫩和叙利亚沿海一带就是过去腓尼基人生活的地方。腓尼基人曾创下两大成就：一是创立了腓尼基字母；二是曾称霸地中海，成为当时首屈一指的经济大国。

▼ 腓尼基贸易集市

劳动的奴隶

腓尼基商人

腓尼基的紫红色布匹

城邦组成的国家

公元前 3000 年左右，推罗、西顿等地中海东岸大大小小的城邦组成了腓尼基，那时腓尼基还算不上是一个统一的国家。而早在这些城邦出现以前，腓尼基人就已经活跃在海上了。

四角横帆

▶ 腓尼基商船

船身涂上树脂用来防腐。

发达的海上贸易

腓尼基人最擅长做两件事：一是航海，二是经商。腓尼基商人从城市的优良港口出发，乘着商船在地中海上进行远距离航行，不断开辟贸易航线，经营自己的生意。腓尼基人就像现今的"代购"商人，将从小亚细亚、黑海等地运来的谷物、美酒和珍宝等商品带到地中海各地去销售。他们也会贩卖自己的产品，比如雪松木、紫红色染料制品等。

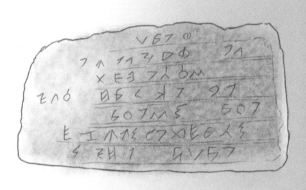

▲ 腓尼基字母

紫红色的国度

在古希腊语中，"腓尼基"的意思就是"紫红色的国度"。腓尼基地区盛产紫红色的染料，这种染料来自一种海螺，腓尼基人会驱使奴隶到海底采螺，然后从中提取紫红色染料。用这种染料染出的布匹，颜色美丽鲜亮，怎样漂洗都不会褪色，其制造难度大，非常稀缺，所以受到贵族的追捧。

腓尼基字母

在做生意的过程中，为了记账方便，腓尼基人创造性地发明了简单明了、便于书写的 22 个字母，后来的英文字母就是由此演变而来的。据说发明字母的人是一个叫卡德穆斯的腓尼基木匠，他用这种字符向妻子表达自己需要什么工具。许多人得知后前去求教，卡德穆斯便将他发明的字母传播开来。

狄多公主与迦太基城

腓尼基人是英勇的冒险家。据说，腓尼基泰尔王国的狄多公主带着奴仆抵达了希腊的克里特岛，从而向西发现了欧洲。他们又从希腊出发，航行到巴尔干半岛南岸时发现了西西里群岛；后来再从西西里岛出发，渡过宽广的海峡，到达了非洲北部的海角，也就是现在的突尼斯境内。在那里，他们建立起一座新的殖民城邦——迦太基城。

狄多公主是腓尼基女王。

奴仆们用牛皮剪成的细条围起了一片土地。

▲ 迦太基城的初建

牛皮

高高的城墙

▼ 迦太基城港口

港口的水道与地中海相连。

6

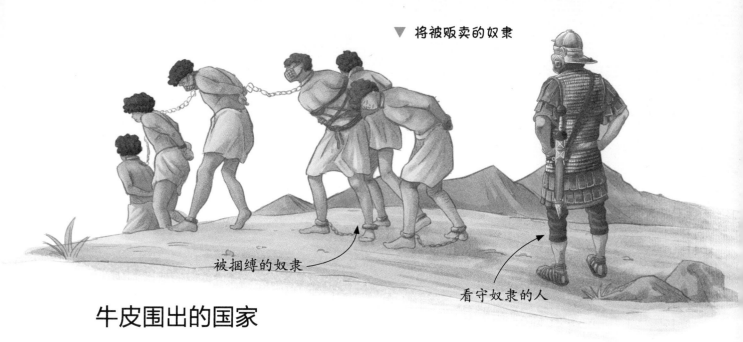

▼ 将被贩卖的奴隶

被捆绑的奴隶

看守奴隶的人

牛皮围出的国家

　　迦太基城是由腓尼基泰尔王国的狄多公主一手建立的。当时，她为了免遭新继位的王兄的迫害，带着奴仆漂洋过海来到了突尼斯湾，并向当地柏柏人部落首领请求借一张牛皮大小的地方栖身。得到应允后，她将牛皮撕成细条，将细条相连圈住一块地皮，后来建立了迦太基城。公元前 600 年，迦太基城的政治和军事实力在腓尼基所有城邦中排名第一。在腓尼基与古希腊争夺地中海霸权时，迦太基取得了领导权，从而建立起了强大的国家。

奴隶中转站

　　迦太基位于西地中海地区，多条主要海路从中经过，优越的地理位置使它成为西地中海的贸易中转站。另外，迦太基有着广大的奴隶市场，繁荣的奴隶贩卖活动令迦太基的综合实力进一步增强。

可以停泊200多艘舰船的船坞

古希腊人热爱
艺术和音乐。

典型的古
希腊建筑

▲ 古希腊的艺术

海洋孕育古希腊

古希腊文明属于海洋文明。开放包容、追求美与自由的古希腊
以希腊半岛为中心，包括巴尔干半岛南部、爱琴海诸岛和小亚细亚
西部沿岸等地区。

生于爱琴海

古希腊濒临地中海和爱琴海。公元前
3000 年左右，这里诞生了爱琴文明，又
称"克里特—迈锡尼文明"。西方古代文
明由此发源。

▼ 民主的雅典

送别黑暗，迎来光明

公元前 12 世纪，多利亚人的入侵摧毁了迈锡尼文明。古希腊重返氏族部落时期，经历了很长一段黑暗的时光。这一时期，盲人诗人荷马记录了当时的社会情况以及古希腊的诸神与英雄，因此这时也被称为"荷马时代"或"英雄时代"。后来，古希腊的青铜器和海上贸易再度兴盛起来，大大小小的城邦也纷纷建立，古希腊文明终于迎来繁荣，古希腊文明的范围也随之扩大到小亚细亚地区和北非在内的地中海沿岸。

▲ 荷马

斯巴达男性公民从小就受到严格的体育和军事训练。

斯巴达全民皆兵、重武轻文。

▲ 军事化的斯巴达

自由民主的雅典

雅典和斯巴达是古希腊最重要的两大城邦。最初，这两个城邦都实行贵族统治，但渐渐地，雅典就变得和斯巴达不一样了。公元前 6 世纪，贵族和平民之间的矛盾日益激化，雅典渐渐转变为民主政治。在雅典，所有合法公民都可以参与国家大事，法律面前人人平等，但奴隶除外。

铁血冷酷的斯巴达

与雅典相反，斯巴达一直维持着贵族独裁统治，并以严酷的法律来约束子民。热爱战争的斯巴达经常发动战事，并要求男孩 7 岁后就要编入团队进行军事训练，即使是不用当兵的女孩也要从小进行搏斗、掷铁饼等各种训练。

地中海的主宰

满目疮痍的城墙

勇猛的古罗马士兵

古罗马火器

有句谚语说得好："罗马不是一天建成的。"全盛时期的古罗马帝国在地中海几乎无人能敌。

▼ 硝烟弥漫的战场

在战争中壮大

经历了王政时代、共和时代后，古罗马建立了帝国，疆域横跨亚欧非，称霸整个地中海。古罗马一开始没有海军，刚组建的海军也敌不过其他国家强大的舰队。因此古罗马发明了吊桥战术，发扬陆军作战的优势，将海战变成了海上陆战。后来，古罗马不断在战争中增长经验和壮大实力，成了地中海最强大的国家。

▲ 西罗马帝国建筑

古罗马文明的起源

传说古希腊神话中的维纳斯女神有许多儿子，其中一个儿子叫亚尼斯，居住在特洛伊城。当古希腊人攻打特洛伊城时，亚尼斯和他的追随者逃到了意大利半岛，建立了罗马。传说终究是传说，真实的情况是一些之前迁徙过来的拉丁人部落、萨宾人部落和伊特拉斯坎人部落在公元前 7 世纪组成了罗马人公社。氏族公社渐渐向国家过渡，多个民族的人也渐渐融合同化，成了古罗马人。

屋顶造型普遍使用"穹窿顶"。

▲ 拜占庭建筑

东罗马与西罗马

公元 395 年，罗马帝国皇帝狄奥多西一世死后，罗马帝国分裂成东罗马帝国（拜占庭帝国）和西罗马帝国。两个帝国都没能重现罗马当日的辉煌：西罗马帝国于 476 年灭亡，更强大的东罗马帝国则于 1453 年灭亡。

曾经的威尼斯共和国

现在的威尼斯是意大利著名的旅游城市，而在 1000 多年前，它是威尼斯共和国的统治中心。威尼斯共和国从东罗马帝国的附属国成长为一个富甲一方的独立国家，后来在战败之后最终并入了意大利王国。

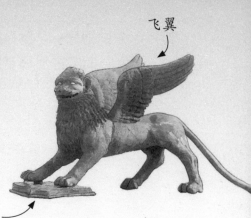

飞翼

福音书

▲ 圣马可飞狮

共和国的成立

美丽的威尼斯最早只是地中海附近的一个小渔村。由于地理位置优越，威尼斯进行东西方贸易中转很方便。从公元 5 世纪开始，陆续有难民逃到这里。威尼斯越来越壮大，于公元 687 年成立了共和国。

威尼斯的象征

威尼斯最著名的标志是圣马可飞狮，它在威尼斯随处可见，是守护神圣马可化身的标志。威尼斯最早的守护神为英雄圣狄奥多。公元 828 年，两位威尼斯商人将圣马可的遗体从埃及偷运回威尼斯。由于圣马可是赫赫有名的《马可福音》的作者，不少教徒都来到此处顶礼膜拜。众望所归之下，圣马可成了新的威尼斯守护神。

▼ 繁华的威尼斯

典雅华丽的建筑

船是威尼斯的
出行工具。

强大与扩张

中世纪时期，威尼斯共和国通过控制欧洲与黎凡特之间的商路而变得极其富有。随后，威尼斯开始从亚得里亚海向外扩张。威尼斯海军的战船在地中海上四处征战，先获得了耶路撒冷王国事实上的自治权，还控制了东地中海。

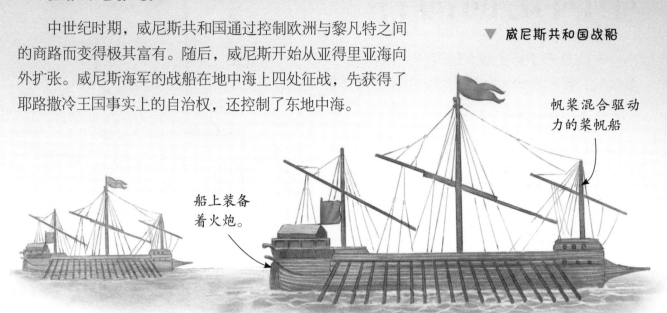

▼ **威尼斯共和国战船**

帆桨混合驱动力的桨帆船

船上装备着火炮。

共和国的灭亡

1410 年以前，威尼斯是拥有 3000 多艘战船的强国。随着战争的不断爆发，威尼斯的国力每况愈下，以至于到 1796 年时，舰队只剩下 4 艘大帆船和 7 艘小帆船。在拿破仑远征时，威尼斯放弃抵抗，不战而败，从此威尼斯共和国消失了。

小百科

亚得里亚海位于现在意大利和巴尔干半岛之间，具有重要的经济地位。

房屋建在运河之上。

中国走向海洋

中国是一个历史悠久的海洋大国，从7000多年前的新石器时代发展至今，中国的海洋史可谓是历经曲折，波澜壮阔。

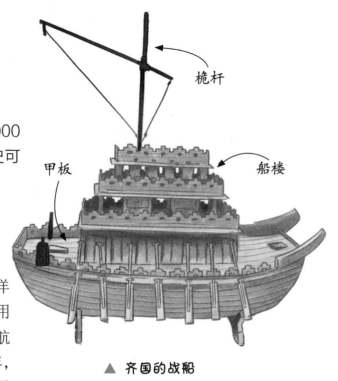

桅杆

甲板

船楼

▲ 齐国的战船

发展：起源先秦

春秋战国时期，中国就已经出现了几个海洋大国。公元前7世纪，齐桓公称霸诸侯，并利用临海优势，控制了环绕山东半岛以及渤海上的航行，齐国因此被称为"海王之国"。公元前485年，吴国联合鲁、邾、郯等国出兵北伐齐国，爆发了吴齐黄海海战，这是中国历史上可以考证的第一次大规模海战。

探索：发现未知

海洋因未知而神秘。自从有了船开始，人们再也没有停止过对海洋的探索。秦朝时，秦始皇派方士徐福两次出海寻找仙药。徐福第一次出海无功而返，第二次出海后便再也没有回来。有人说徐福到达日本后便留在了那里，也有人说他葬身海中。

▼ 热闹的海岸贸易

▼ 徐福登岛之地

在日本，"徐福上陆之地"的标识有很多处。

开拓：远航之路

早在新石器时期，中国人就已经乘着小舟开拓水路，去别的海岛推销自己的陶器。这种海洋贸易航路渐渐发展成"海上陶瓷之路"，后世称为"海上丝绸之路"。海上丝绸之路在秦朝形成雏形，经过不断发展，在明朝时达到顶峰，中国贸易往来的范围扩大到全球。

守护：保卫海疆

秦始皇在统一全国的同时，也划定了海疆。他在执政期间曾四次去沿海地区"巡海"，以巩固自己的统治。后来，历朝历代的统治者也是如此，即便不能亲自去巡视，也要在当地设立海军，保卫海疆不被外敌侵犯。

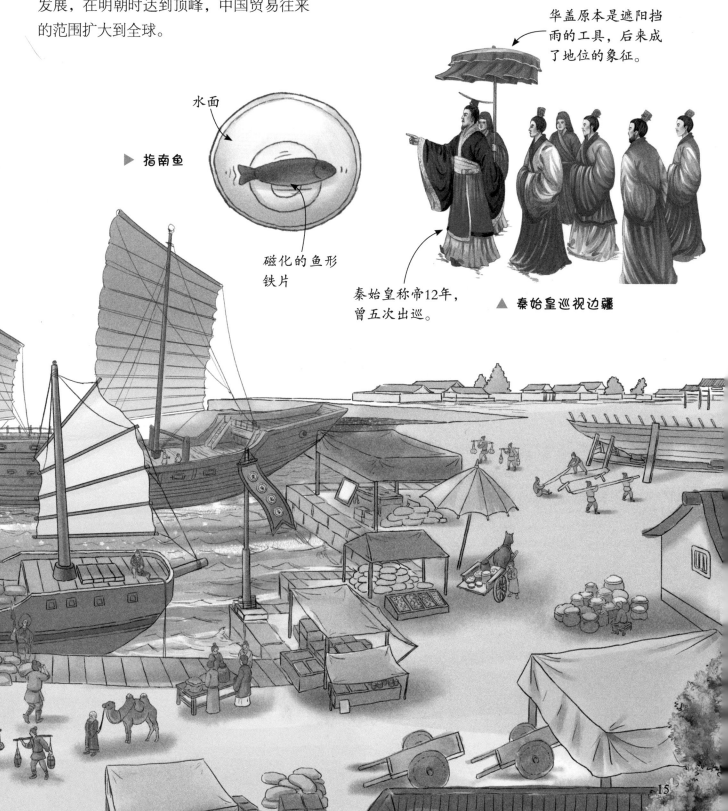

水面

▶ 指南鱼

磁化的鱼形铁片

华盖原本是遮阳挡雨的工具，后来成了地位的象征。

秦始皇称帝12年，曾五次出巡。

▲ 秦始皇巡视边疆

伟大的壮举：郑和下西洋

"海上丝绸之路"的发展与郑和七下西洋不无关系。明朝皇帝为了宣扬国威、建立友谊、防范敌国并且获得朝贡，派遣郑和下西洋。在这七次航行中，郑和到访了30多个国家和地区，最远到达了非洲南端。郑和是世界航海史上"第一人"。

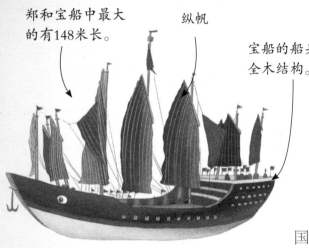

郑和宝船中最大的有148米长。

纵帆

宝船的船身是全木结构。

▲ 郑和宝船

海禁与闭关锁国

明朝实施海禁政策，禁止百姓私自出海，限制外国商人来通商。这一政策的本意是为了保卫沿海地区，但却使海盗和走私活动更加猖獗。到了清朝，清政府实行闭关锁国，不许外国传教士来传教，只开放广州一个港口。港口的封锁，让中国"蒙上了双眼"且跟不上国外突飞猛进的变革和发展。

◀ 郑和下西洋

▲ 虎门销烟

被迫的开放

清朝末年，中国还是那个封建的国家，但英国已经成为"日不落帝国"。英国瞄准了远在东方的闭锁的中国，想用鸦片毒化中国人。道光皇帝被英国的无耻所激怒，命令林则徐查禁鸦片，这却成了英国发动战争的借口。第一次鸦片战争后，清政府被迫开放通商口岸，丧失了贸易主权。

重振辉煌

第一次鸦片战争以后，中国的海洋事业一直处于百废待兴的状态。新中国成立后，海洋事业才重新发展起来。海洋实力的提升促进了综合国力的提升，到了今天，中国已经是名副其实的海洋大国。

第一次远航时，郑和船队由200多艘不同船型的远洋海船组成。

▼ 鸦片战争

日本：海岛进化

美国黑船 ▼

美国的黑船打开了日本锁闭的国门，日本这个太平洋中的岛国开始向海洋帝国进化。

黑船带来的新时代

1853 年以前，日本还是由德川幕府统治的封建国家。到了 1853 年，美国准将马休·佩里率领舰队以炮舰威逼日本打开国门，从此结束了日本闭关锁国的状态。佩里带来的电报机、火车模型等工业革命科技成果深深震撼了日本的有识之士，日本从此走上学习西方的道路。幕府倒台后，日本进行了明治维新，迅速跻身帝国主义国家的行列。

船上装备着大炮。

▼ 北海道渔场的渔船

满满的收获

北海道渔场处在寒暖流交汇的海域，无论是温带鱼还是冷水鱼都可以在这里生存。

渔民

"耀武于海外，非海军莫属"

明治维新给了日本自信，日本迫不及待地想要向海外他国展示"日出之国"的力量。他们认为，只有海军最能体现日本的国力，于是开始大力兴建海军，日本帝国海军就在这个背景下诞生了。日本帝国海军一度与英国皇家海军、美国海军并称为"世界三大海军"。它们的战舰指向了中国、朝鲜等国家的领土，肆意掀起血红的波涛。

"赤城号"炮舰参加过甲午海战，受到北洋水师重创。

▲ "赤城号"炮舰

"千岛之国"

日本位于太平洋西北部、亚欧大陆的东部，四面环海，与朝鲜、韩国、中国、俄罗斯等国隔海相望。日本是由北海道、四国、本州、九州这 4 个大岛和 6800 多个小岛屿组成，所以也被称为"千岛之国"。日本位于环太平洋火山地震带上，因此经常发生火山喷发和地震灾害。

▲ 日本的岛屿

北海道渔场的馈赠

有"世界第一大渔场"之称的北海道渔场位于千岛寒流和日本暖流的交汇处，寒暖流交汇的海水使这里有着丰富的浮游生物，因此这里鱼群密集，如鲑鱼、狭鳕鱼、秋刀鱼等经济鱼类资源十分丰富。

兴于战争，亡于战争

1299 年，土耳其人建立了奥斯曼帝国。奥斯曼帝国曾是世界上最繁荣强大的帝国之一，疆域横跨亚、欧、非三大洲，然而却只存在了 600 多年就土崩瓦解了。

▶ 奥斯曼帝国的战舰

伊斯坦布尔的前身是君士坦丁堡。

▼ 奥斯曼帝国的都城伊斯坦布尔

游牧民族征服海洋

土耳其人的祖先是突厥人，自古逐水草而居。从建国起，奥斯曼帝国就没有停止过扩张的脚步，不论是在陆地还是在海洋。随着苏丹苏莱曼一世的登基，奥斯曼帝国海军的实力逐步发展到顶峰。15 至 16 世纪，奥斯曼帝国的舰队称霸地中海、红海和波斯湾。

长矛

翼饰

波兰翼骑兵曾打败奥斯曼帝国骑兵。

非本意的新航线开辟

当奥斯曼帝国雄霸一方时，东地中海都在它的控制之中，其中包括东西方商路。当时奥斯曼与西欧各国因宗教原因而相互敌对，西欧国家没法通过以前的商路去东方做生意，只能从海上开辟新航线。最终，西欧国家找到了新的"发财之路"。然而，这并不是奥斯曼帝国乐意见到的。

▶ 西欧商船

帝国之死

1683 年，奥斯曼帝国的版图规模达到顶峰，之后就再也没有扩张过。几次战败后，奥斯曼帝国被迫签订了《卡尔洛维茨和约》，丧失了大量疆土，此后逐渐走向没落。第一次世界大战的战败让奥斯曼帝国四分五裂，到了 1922 年，凯末尔革命废除苏丹制，奥斯曼帝国正式灭亡。

小百科

"苏丹"在阿拉伯语中是"统治"、"权力"的意思，后来演变成对一个特殊统治者的尊称。只要是被苏丹统治的地方，就可以称为"苏丹国"。

大海即财富

7世纪时，阿拉伯帝国是地跨亚、欧、非的大国。当时阿拉伯人很会造船，还在红海和印度洋之间从事航海贸易。后来，阿拉伯人组建了强大的海军和商船队，掌握了先进的海上航行技术。

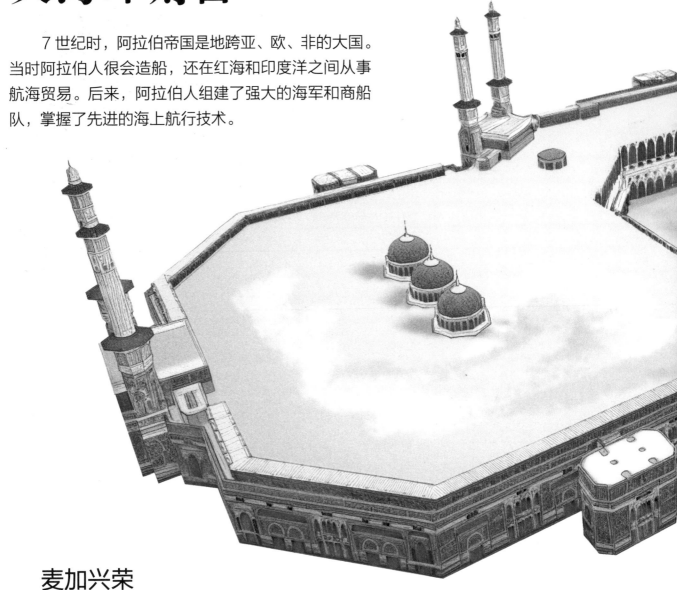

麦加兴荣

6世纪中后期，埃及、拜占庭帝国和波斯帝国之间连年战争。战争阻碍了从前的商路，商人们便转而通过阿拉伯半岛，走更安全的商路。新商路东到波斯湾，西至红海，南通也门，北往叙利亚，作为商路枢纽的麦加便因贸易流通渐渐繁荣起来。

骆驼是沙漠里的主要交通工具。

▼ 阿拉伯商人

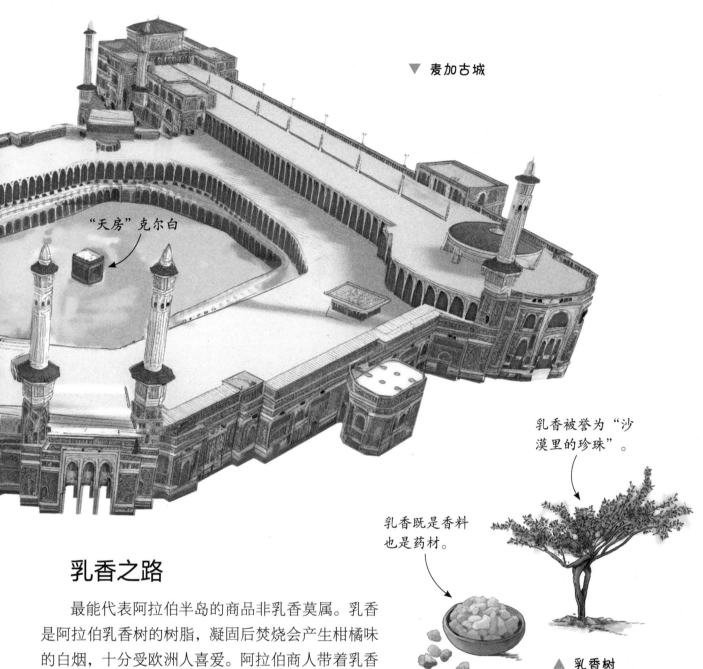

▼ 麦加古城

"天房"克尔白

乳香被誉为"沙漠里的珍珠"。

乳香既是香料也是药材。

▲ 乳香树

乳香之路

最能代表阿拉伯半岛的商品非乳香莫属。乳香是阿拉伯乳香树的树脂，凝固后焚烧会产生柑橘味的白烟，十分受欧洲人喜爱。阿拉伯商人带着乳香从阿曼出发，到欧洲和亚洲去贩卖。阿曼并入阿拉伯帝国后，这条贸易航线被称为"乳香之路"。

文明传播

行商去的地方多了，阿拉伯人学到的知识也变得更丰富了。阿拉伯人走到哪儿，船停靠在哪儿，他们的所知所学就会传播到哪儿。造纸术、印刷术、火器、数字、字母等，都是通过阿拉伯人传播到东西方各国的。

商人建国

在麦加城的古莱氏部落有一个叫穆罕默德的男青年，因为为人公正，所以大家都叫他"艾敏"，意为"可靠者"。据说，穆罕默德40岁的时候受到梦中真主的启示，创建了伊斯兰教。后来，伊斯兰教的教义传遍整个半岛，阿拉伯国家的雏形初现，为阿拉伯帝国的崛起奠定了基础。

西班牙：殖民扩张

最早的"日不落帝国"应当是西班牙。经历了多年异族统治与战争后，西班牙统一了全国，从此走上了它曾经的敌人走过的道路：侵略与殖民。

哥伦布得到了西班牙王室的支持。

▲ 西班牙王室支持哥伦布

由3艘帆船组成的船队

发现美洲后

西班牙帝国统一后，国王斐迪南二世在妻子伊莎贝拉女王的说服下，资助了一个叫哥伦布的意大利水手。哥伦布不负所望，发现了美洲大陆。这使西班牙成为美洲最早的殖民者，也成了世界殖民扩张的先驱之一。16 至 17 世纪，大量黄金白银从殖民地流入西班牙，又因为版图广阔，西班牙成了名副其实的"日不落帝国"。

哥伦布认为自己到达了印度。

美洲原住民

▲ 哥伦布发现美洲大陆

无敌舰队

西班牙能在全球进行殖民扩张，靠的是一支强大的海上舰队——无敌舰队。无敌舰队约有 130 艘舰船、数以万计的士兵和 3000 多门大炮，凭借这支舰队，西班牙垄断了许多地区的贸易，称霸大西洋。

▲ 西班牙战船

野心不足蛇吞象

在占领了大片殖民地后，西班牙凭一己之力并不能控制这么多地方。不断的战争削弱了西班牙的综合国力，这个"日不落帝国"就这样"陨落"了。

▼ 无敌舰队被击败

被击沉的战船

葡萄牙：帝国雄起

1139 年，葡萄牙成为独立王国。此后，葡萄牙一直为成为海上强国而不懈努力。

葡萄牙船队

殖民地的原住民

葡萄牙是最早进行殖民的国家之一。

落后的武器

小国的奋斗

最初，葡萄牙只是一个小小的国家，既没有多大领土，也没有多少人口。但葡萄牙凭借地理位置上的优势，积极发展海洋实力，实行海外扩张，终于在 15 世纪时远超欧洲其他国家，成为殖民大国。

想扩张，先造船

船是葡萄牙对外扩张的基础。15 至 16 世纪，葡萄牙造的船的水平领先世界，其中最著名的就是三桅帆船。三桅帆船能逆风曲线前进，十分适合探索海岸线。靠着这种船，葡萄牙占领了一个又一个殖民地。

▲ 三桅帆船

小百科

亨利王子全名是唐·阿方索·恩里克，恩里克在英文中被译为"亨利"，于是他被称为"亨利王子"。亨利王子建立航海学校培养人才，创办天文台、图书馆等举措，推动了葡萄牙航海事业的发展。

恩里克王子：不爱江山爱航海

恩里克王子是一位传奇人物。他喜欢航海，还创办航海学院，培养了一大批优秀水手和航海家，派他们去各地探险。可以说，恩里克王子是葡萄牙航海事业的奠基人。

▲ 航海学院

英国：海上"日不落"

▼ "日不落帝国"舰队

英国号称"日不落帝国"，但这颗"太阳"并不是一开始就悬挂在天上的。

天生的海洋大国

英国在 18 世纪成为"日不落帝国"，原因之一就是它优越的地理位置。英国由大不列颠岛、爱尔兰岛东北部以及北爱尔兰周围 5500 多个岛屿组成，是一个被北海、英吉利海峡、凯尔特海、爱尔兰海和大西洋包围的大岛国。凭借这样的地理条件，英国成为海洋大国。

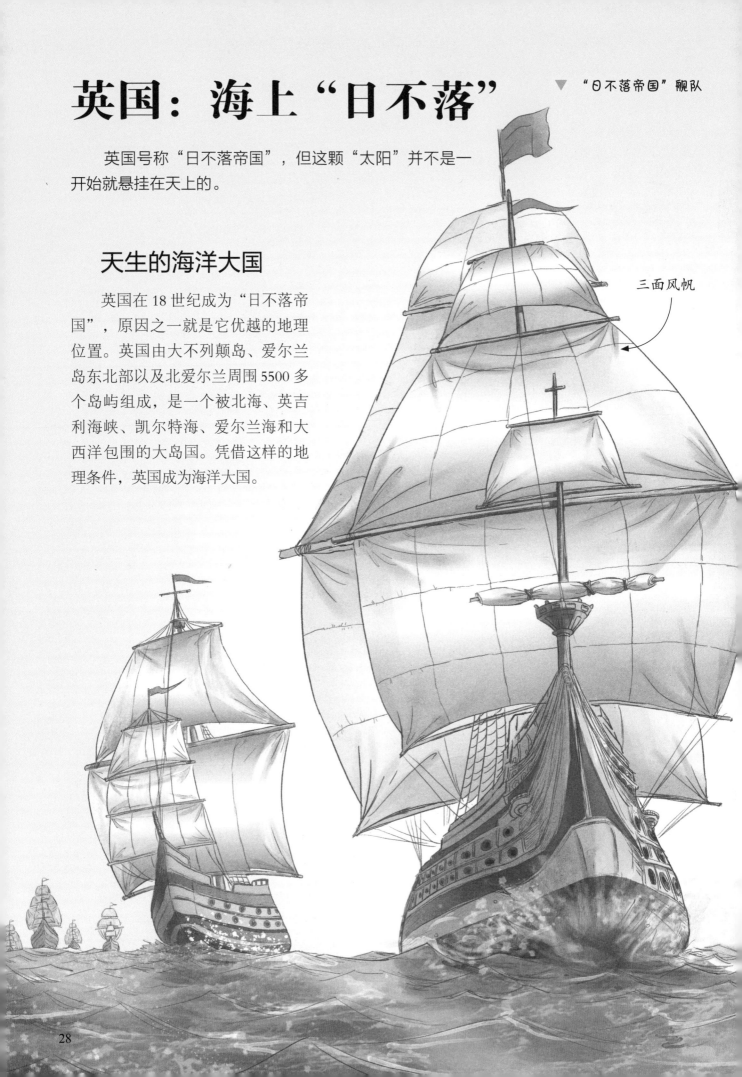

三面风帆

28

掠夺财富

15世纪，英国通过圈地运动进行原始资本积累，侵占了大量农田和土地，让自耕农们沦为了没田没地的流浪人。这群人受资本家和新贵族雇佣，在海上掠夺财富，变成了海盗。16世纪，英国出现了一大批贸易公司，官员、资本家与海盗相互勾结，为英国掠夺了大量财富。

抢占财富

英国通过占领和掠夺，将俄国和美洲变成它的良田，将加拿大和澳洲变成它的林场和牧场，在亚洲种植着英国的咖啡、茶叶和甘蔗，地中海地区还有英国的果园。通过占领和掠夺殖民地，英国获得了大量的财富。

▲ 英国的殖民行为

咖啡豆是咖啡树的果实。

茶叶是茶树的叶子和芽。

甘蔗的茎是制糖的主要原料。

甘蔗虽然高高大大，但它并不是树。

世界商人

18世纪60年代，工业革命率先在英国兴起，以蒸汽为动力的铁质舰船渐渐代替了木质舰船。19世纪末，英国建立了当时世界上最大的蒸汽机船队。发达的海运业令英国能更方便地从世界各地获得廉价的原材料，也能从其他国家的贸易往来中分一杯羹。英国商船载着世界各国的商品航行在四大洋上，英国也有了"世界商人"的称号。

▼ 蒸汽轮船

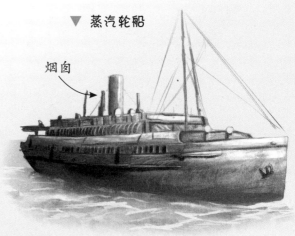

烟囱

荷兰："海上马车夫"

1648 年，荷兰正式得到欧洲各国承认。尽管独立得晚，但荷兰的发展速度飞快，迅速成为海洋强国。

船舶发达

荷兰能够快速崛起，主要得益于发达的造船业。荷兰的船闻名于世，许多国家争相购买荷兰海船。荷兰有多种船型可供选择，比如专门进行防范海盗的小型商船、装载量大且节省运费的三桅商船，以及适合远航、可用作军舰的重型船只等。先进的船舶制造业，为荷兰成为海上商贸强国打下了坚实的基础。

▲ 武装贸易船

商业大国

在大航海时代的背景下，新航路为荷兰提供了新的商机。当贸易市场在世界范围内形成，荷兰的商船有了新的用武之地，安特卫普和阿姆斯特丹等港口也繁荣起来。荷兰派遣武装商船为其他国家服务并获得佣金，而行遍世界的荷兰商船也会满载殖民地的黄金白银荣耀归来。

斜屋顶

▲ 阿姆斯特丹的特色建筑

贸易保护

为了保护海上贸易顺利进行，荷兰组建了海军，而它的对手则是同时活跃在海上的葡萄牙、西班牙和英国的舰队。荷兰首先成功打击了葡萄牙，取得了对肉桂的垄断，占据了重要据点马六甲。随后荷兰趁着英国内乱，取得了英吉利海峡和北海的制海权，还处处排挤英国商人。最后荷兰与西班牙展开斗争，胜利的荷兰取代了西班牙，成为海上霸主。

▼ 荷兰商船

15至16世纪，荷兰的造船业居世界首位。

美国：从蹒跚学步到称霸海洋

17至18世纪，英国相继在北美东海岸建立了13块殖民地。后来，殖民地爆发了独立战争，美利坚合众国成立。在此期间，美国的海军也发展起来。刚开始时美国海军十分弱小，只能被动防御。到了19世纪末，美国已经成为雄霸一方的强国，并逐步称霸海洋。

独立战争

▼ 波士顿倾茶事件

1773年，英国政府为了解决东印度公司茶叶积存的问题，允许东印度公司在北美殖民地销售积存茶叶，销售时可以免缴进口关税，享有很低的茶税，同时在政策上禁止殖民地贩卖"私茶"。这导致北美本地茶叶的价格被打压，种植茶叶的当地商人几乎无法生存。愤怒的北美人民拒绝卸运东印度公司的茶叶。有一次，约60名革命人士打扮成印第安人，将东印度公司的342箱茶叶都倒进了海中。这次事件是美国独立战争爆发的间接原因。

美国战斗机

二战时期，美国已经拥有了强大的海军力量。

茶叶

摆脱英国控制

独立战争历经八年，美国取得成功，成为独立国家。建国初期，美国在政治和经济上仍受到英国的牵制。英国在战争结束后还一直在公海拦截美国船只，强征美国船员，找美国的麻烦，于是美国在1812~1814年进行了第二次对英之战。这场战争打得十分艰难，最终美国取得了胜利，摆脱了英国的控制。

战争中获利

美国的迅速崛起，主要得益于两次世界大战。第一次世界大战前期，美国并没有参战，而是向交战双方提供军火、贷款，利用战争大发横财。第二次世界大战时期，美国海军实力迅速提高，成为世界第一海军强国。战争结束后，美国综合国力成为世界第一，同时也成为世界海洋霸主。

冷战中争霸

20 世纪，苏联是美国最大的对手。二战结束后，美国与苏联陷入冷战，同时也开启了海洋争霸。为了赢得这场"比赛"，美国提出"海上战略"，强调海上控制，注重威力震慑，提倡联合作战，积极发展海军。1991 年，苏联解体，冷战随之结束。美国成为世界上唯一的超级大国。

▼ 美苏争霸

20世纪50至90年代，美国和苏联在政治、经济、军事、外交等多个领域展开较量。

▼ 二战时期的美军

美国士兵

军用头盔

法国：后起之秀

法国南临地中海，西濒大西洋，西北与英国之间隔着英吉利海峡和多佛尔海峡，具有极佳的地理位置优势。可直到 17 世纪，法国才开始向海洋大国转变。法国虽然起步晚，但用了很短的时间就成为欧洲雄霸一方的海洋强国。

受创的法国战船

▶ 英法海上战争

成立海军不容易

最早注意到法国的独特地理位置并进行开发利用的是黎塞留，他是路易十三统治时期的法国首相、红衣主教。黎塞留被誉为"法国海军之父"，他一手组建了法国第一支远洋海军舰队。十年间，法国海军规模空前，但投石党之乱使得海军军力衰退。到了路易十四的时代，海军大臣柯尔培尔重建海军，成功地使法国走上了成为海洋强国的道路。

凯旋门

▶ 二战时期法国失利，德军进入巴黎

德国军队

战舰上的
大炮

逐鹿海洋

　　转型后的法国与英国等国家争夺海洋霸权，在亚洲、非洲占领了许多殖民地，这令其他国家十分眼红，法国因此树敌无数。英国、西班牙、荷兰、俄国等劲敌都与法国交战过，英国与法国的战争甚至长达百年。经过激战，英、法两国都损失惨重，两国的民众也都对战争感到厌倦。最终两国达成了和约，停止战争。但法国并没有丧失欧洲大国的地位，领土范围依然广阔。

两次重创

　　在第一次世界大战中，作为参战方的法国损失惨重。牺牲了很多。一战结束后，法国本应进行长时间的战后重建，但没过多久，第二次世界大战又开始了，还没能从一战恢复过来的法国再次受到重创。为了国家的复兴，法国总统戴高乐终止了殖民主义政策，专注恢复本国的经济，法国的综合国力因此得到了恢复与提升。

船舶强国

　　法国的船舶业在 20 世纪中期已经发展到世界先进水平，能独立研发生产各种舰艇与装备，既能满足本国海军的需求，也能满足出口。直至今日，依托先进的船舶业，法国仍是海洋强国。

俄罗斯的前世今生

俄罗斯三面环洋，一面临海，是世界上国土面积最大的国家。俄罗斯的发展与海洋密不可分。

战斗民族的海洋血统

俄罗斯起源于东欧平原上东斯拉夫人的氏族部落。东斯拉夫人是游牧民族，没去过海边。后来北欧维京人有一分支远渡重洋来到这里，并与当地人融合形成了一个新的民族——瓦良格。他们不但继承了东斯拉夫人的高大身材，还继承了维京人的好勇善斗。瓦良格人建立起了俄罗斯历史上第一个国家——罗斯公国。

他创建了欧洲化正规编制的陆海军。

俄罗斯帝国的首位皇帝

▲ 彼得一世

▼ 维京人的到来

维京龙船

维京人

维京战斧

陆地、海洋全都要

俄罗斯经历了很长一段混乱时期，最终在 1721 年成立了俄罗斯帝国。帝国的开国皇帝彼得一世曾说："任何一个统治者若是只有陆军，他就只有一只手；如果他还有海军，才拥有了双手。"包括彼得一世在内，俄罗斯的历代统治者都致力于发展陆军和海军。

▼ 彼得一世巡视海洋

彼得一世率队到荷兰，学习造船理论和技术。

彼得大帝是俄罗斯历史上仅有的两位"大帝"之一。

野心的破灭

1917 年，俄罗斯帝国终结，分裂成苏俄、乌克兰等多个独立国家。这些国家在 5 年后组成了联盟，即"苏联"。在第二次世界大战中，苏联获得胜利，综合国力大大增强，能与当时另一个超级大国——美国相抗衡。两国之间针锋相对，大力发展军事编制与军事装备以争夺世界霸权，其中包括海洋霸权。苏联开发出许多新式海军武器，并鼓励商船、捕捞船去开发远洋，以达到控制海洋的目的。然而，这场竞争以苏联的解体宣告终结。

小百科

苏联的"苏"就是苏维埃。苏维埃在俄语中的意思是"代表会议"，这个词语源于 1905 年的俄国革命，是工人、士兵和农民等反对沙皇的专制统治而采用的一种直接民主的形式。

不复当年

苏联的突然解体让原本称霸一方的苏联海军陷入困境，军队的归属成了棘手问题。苏联海军最终被分解，俄罗斯与乌克兰更是为了著名的"黑海舰队"争得面红耳赤。直到 1993 年，乌克兰和俄罗斯达成协定，平分黑海舰队，但乌克兰保留 18.3% 的舰只，其余部分有偿转让给俄罗斯。由于这一场场闹剧，这支令敌人生畏的队伍再也没有恢复昔日荣光。

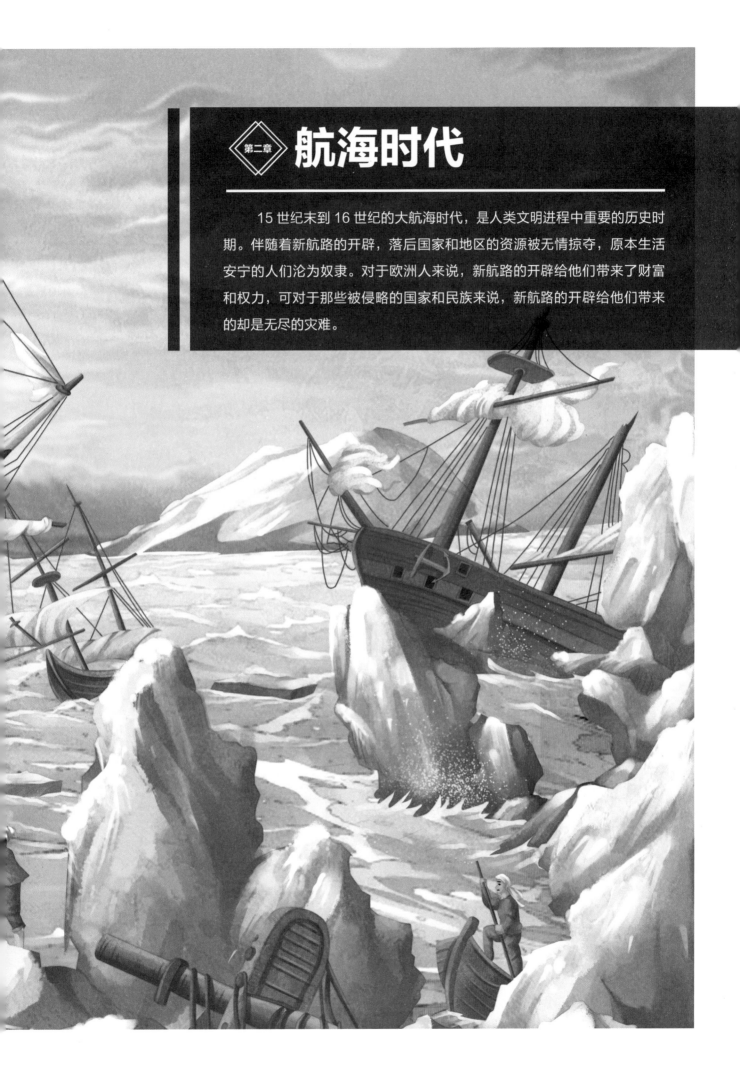

第二章　航海时代

　　15 世纪末到 16 世纪的大航海时代，是人类文明进程中重要的历史时期。伴随着新航路的开辟，落后国家和地区的资源被无情掠夺，原本生活安宁的人们沦为奴隶。对于欧洲人来说，新航路的开辟给他们带来了财富和权力，可对于那些被侵略的国家和民族来说，新航路的开辟给他们带来的却是无尽的灾难。

汉诺的航行报告

汉诺是公元前5世纪的迦太基著名探险家，他曾率领船队沿着非洲西海岸南行，深入几内亚湾，进行了一场史无前例的远航。

汉诺的船队在2500多年前便探访过非洲西海岸。

▲ 汉诺和他的同伴

大胆设想

迦太基凭借强大的海军称霸着地中海以西，控制着广大的领土，几乎垄断了整个地中海的贸易。繁荣的经济促进了人口的增长，以至于现有领土无法满足人口增长的需求。迦太基的首领们曾经带兵打了100多年的仗，只为获得更多的土地。为了解决紧张的局面，汉诺决心要寻找到直布罗陀海峡外可以征服的土地。

荣耀起航

公元前5世纪中叶，汉诺率领着60艘大船，共计3万多人的庞大船队，在人们的欢送声中起航了。在当时的人看来，直布罗陀海峡象征着人间尽头，但汉诺却丝毫不畏惧。寒风中，汉诺从容不迫地指挥着船队顺利地通过海峡。在船员们激昂的欢呼声中，汉诺带着船队继续西行。

如同蝎尾般的船尾。

桨帆船

撞角

一位桨手操控一根桨。

▼ 汉诺在途经之地
建立殖民地

汉诺的船队在每个殖民地都留下了人员和物资。

汉诺

汉诺在西非大西洋沿岸建立殖民地。

沿途扩张

汉诺的船队到达了非洲西北角，在今摩洛哥地区建立了第一个迦太基殖民地——提梅特利翁，而后又在摩洛哥的沿岸建立起多个殖民地。汉诺命令一部分船员在建立的殖民地驻守定居，其余船员跟随他继续航行。在地势险要的西非海岸，汉诺和他的船员们同狂风恶浪搏斗，不少船员为此付出了生命。出于对神明的敬畏，汉诺让船员们在海岬上建了一座海神庙，祈求他们能安全航行。

▼ 桨帆船

风帆

不平凡的旅途

经过夜以继日的航行，汉诺的船队绕过了撒哈拉沙漠，却在登上河岸时遭到了土著人的袭击，无奈之下，船队只得返回大海继续向南航行。在登上比热戈什群岛时，船员们又被神出鬼没的土著居民吓得心惊肉跳，汉诺只好带着大家匆匆折回海洋。这时，船上的物资即将消耗殆尽，汉诺不得不下令船队返航，这次探险航行就此结束。汉诺写了一份航行报告，这份报告以腓尼基文刻在碑上，后来又被译为希腊文。

徐福东渡

公元前 221 年，秦始皇嬴政统一六国，建立了中国历史上第一个大一统的国家——秦朝。秦始皇不满足人生短短几十年的光阴，他开始了疯狂的求仙问药之路。

做了皇帝想成仙

公元前 219 年，秦始皇东巡，其本意是为了封山勒石刻碑，歌颂自己的功德。这时，一名叫徐福的方士告知秦始皇，东海有三座仙山，山中有仙草，若能吃下仙草炼就的丹药，就能长生不老、得道成仙。秦始皇闻言大喜，立即调拨大笔钱财，命令徐福出海寻药。

两次东渡

在秦始皇的诏令之下，徐福东渡出海，不久之后却空手而回。秦始皇见状询问徐福缘由，徐福谎称山中仙人觉得献礼太少，不肯赐药。深信不疑的秦始皇广征 3000 名童男童女及数百名匠人、技师，又赏赐给徐福大量珍宝和五谷种子，命令徐福再次东渡。

▲ 神话中三座仙山指的是蓬莱、方丈、瀛洲

▼ 秦始皇令徐福出海寻药

秦始皇

求药未果，坑杀方士

▼ 坑杀方士

被活埋的方士

徐福这一去便杳无音信，秦始皇没有得到任何来自徐福寻药的消息。久等不得的秦始皇先后又派遣卢生、韩终等一大批方士前去求药。世上本无长生药，无处去寻的方士们都无功而返。秦始皇一气之下将栖身咸阳的 460 名方士悉数活埋。

东渡定居，一去不返

童男童女和匠人

▲ 徐福东渡

公元前 210 年，秦始皇第五次出巡时来到琅琊，召见徐福。徐福谎称无法东渡是因海中有大鲛鱼阻拦了去路，请求秦始皇再次加派弓箭手随行。秦始皇再一次相信了他的谎言，亲自随徐福前往射杀大鲛鱼，后又命令徐福再次东渡，自己则摆驾回宫。然而在回宫途中，秦始皇一命呜呼，徐福则一路北上到达日本，就此定居。

徐福

维京人的征服

历史上有一个传奇的民族，人人皆兵，他们就是维京人。维京人依靠着强大的航海能力，开创了"维京时代"，一度成为海上的霸主。

维京龙船

维京崛起

在气候严寒的北欧居住着维京一族，当地贫瘠的土地令他们无法果腹，迫于生计的他们三五成群，做起了杀人越货的海盗。从公元 8 世纪开始，疯狂的维京人成了整个西欧地区的噩梦，其所到之处，均被洗劫一空。

西欧征服者

尝到甜头的维京人迫切地需要更多的财物，于是开始了更加凶残的掠夺。他们从俄罗斯逆河而下，长驱直入，先后控制了基辅和君士坦丁堡，建立了以基辅为中心的罗斯公国。在猖獗的维京人的铁蹄下，英国、法国、诺曼底公国、苏格兰、爱尔兰及地中海沿岸地区无一幸免。

战斧是维京人常用的武器。

斧矛盾剑

骁勇善战的维京人有着超乎常人的体力，更有着超强的装备。维京人作战时，带着一把威力十足的维京战斧、一根既能刺杀又能投射的维京长矛、一柄锋利的短剑、一枚攻防两面的维京盾牌，这些装备足以令敌人胆寒。

维京时代的终结

欧洲各国在经历了维京人袭扰之后苦不堪言，纷纷加强防御。1066 年，挪威国王哈拉尔率兵入侵英国，结果在斯坦福桥之战中大败，损失惨重。哈拉尔也被称为"最后的维京人"。就这样，长达 3 个世纪的"维京时代"结束了。

战斧

头盔

维京盾牌

短剑

▲ 维京战士

▼ 维京入侵英国失败

盾的主要部分是木制的，表面被牛皮覆盖，周围被金属包裹，中心也被金属覆盖着。

马可·波罗到中国

马可·波罗出生在 13 世纪的意大利。他的父亲和叔叔是威尼斯的商人，曾经到过元大都。马可·波罗一心想随父亲和叔叔到东方游历一番，终于，他踏上了前往东方的商路。

▲ 马可·波罗

曲折的东方之行

1271 年，17 岁的马可·波罗跟随父亲和叔叔及其他旅伴，带着教皇的回信和礼品向东方进发。这场东方之旅并不像他想的那样顺利，他们在半路遇到了强盗，其他旅伴不知所踪。等了两个月，见船只无果，三人决定由陆地进发，历经四个寒暑终于到达马可·波罗向往已久的东方。

遍布东方的足迹

年轻的马可·波罗受到元朝皇帝忽必烈的赏识，并被授予了官职。聪明的马可·波罗很快就掌握了蒙语和汉语，并奉命巡视了中国的大江南北，甚至到过印度、缅甸等地。每次回到大都，他都会向忽必烈详述当地的风土人情。

忽必烈

狱中写成的游记

1292 年，借着护送阔阔真公主成婚的机会，马可·波罗和其父亲、叔叔三人转道回国，于 1295 年末到达威尼斯。回国后，他们一夜之间成了威尼斯家喻户晓的人物。1298年，马可·波罗参加威尼斯与热那亚的战争，被俘入狱。在狱中，他遇到了作家鲁思梯谦，他们共同将马可·波罗在东方的见闻整理成书，这便是《马可·波罗游记》。

争议的漩涡

《马可·波罗游记》一经问世，便一直陷在争议的漩涡之中。学者们对马可·波罗是否真的到过中国各持己见，有人认为他确实到过中国，也有人认为他是个彻头彻尾的骗子。不可忽视的是，马可·波罗的东方之旅打开了欧洲人的视野，《马可·波罗游记》带给世界的影响也是不容抹杀的。

▲ 《马可·波罗游记》的诞生

▼ 马可·波罗朝见元朝皇帝忽必烈

马可·波罗

马可·波罗在中国生活了17年。

郑和七下西洋

永乐年间，中国造船技术已经很发达了。为了宣扬国威、发展贸易，明成祖朱棣决定组织一支庞大的船队，由太监郑和带领出海远航。

时势造英雄

郑和原名马三保，洪武十四年因为战乱被掳进宫，做了四皇子朱棣的贴身太监。期间，郑和凭借着出色的军事才能，随着燕王朱棣出生入死，屡屡立下战功，深受朱棣信任。朱棣登基后，升任郑和为内官监太监，并赐他"郑"姓。

明成祖——朱棣

明成祖朱棣是明朝的第三位皇帝。他在位期间，完善政治制度，发展经济，开拓疆域，迁都北京，编修《永乐大典》，派郑和下西洋，使明朝实现了大发展。

▼ 郑和船队途径南亚国家

随行的明朝官员

郑和，又被称为"三保太监"。

七次下西洋

永乐三年始，郑和率领船队先后七次远下西洋。28 年间，郑和访问了亚洲、非洲 30 多个国家和地区，最远甚至到达了非洲东海岸和红海。1433 年，郑和在最后一次远航的归途中病逝。

▲ 郑和宝船

前哨

左哨列

右哨列

后哨

▲ 郑和舰队燕形编队

郑和船队

在这 200 多艘海船中，有 62 艘被称作"宝船"的大型船只，其中最大的宝船长 148 米，宽 60 米，是当时世界上最大的海船。船队中有"马船""粮船""坐船"和"战船"等。在编制上，船队除了有舰艇部队，还有两栖部队和仪仗队，这种规模在当时处于世界领先地位。

大象

当地人们用舞蹈表示欢迎。

郑和率船队访问了东南亚、南亚、西亚和东非等地。

恩里克王子的贡献

在遥远的葡萄牙，有这样一位特殊航海家，他从未出过海，却被航海者们奉为领路人。他就是"航海者"恩里克王子。

恩里克王子从小就开始学习外交艺术、行政管理、军事技能等知识。

▲ 恩里克王子

出身高贵的航海家

恩里克是葡萄牙国王若昂一世的儿子。身为王子，恩里克喜欢历险，喜欢充满挑战的生活，所以他选择到远离权力中心的阿尔加维省担任总督，开始了他自己的"探险"。

▼ 卡拉维尔帆船

在恩里克王子的资助下，卡拉维尔帆船成形。

三角帆也叫拉丁帆。

航海探险的大本营

恩里克定居在萨格里什，他投入了大量钱财开办航海学校和造船厂，并且花重金聘请有经验的航海家、天文地理学家、物理学家、数学家及造船家，将萨格里什打造成了他航海探险的大本营。

有两项重大技术进步是在萨格里什诞生的：一是改进和完善了珀托兰航海图；二是设计发明了一种卡拉维尔轻型帆船，这种三桅三角帆船的船体小、吃水浅、触礁机会少，能够探索近岸水域。

▶ 恩里克开办航海学校和造船厂

恩里克王子很少亲自参加远洋探险，但他会组织和资助葡萄牙的航海活动。

决胜千里之外的谋略家

恩里克制定了详细的探险计划，向人类的航海极限发起挑战。1418 年，恩里克派出的船队开始了首航，船队发现了马德拉群岛和亚述尔群岛，开启了葡萄牙在非洲的殖民扩张。

横帆

炮孔

地理大发现（一）

地理大发现的时代是一个辉煌的时代，这个时代涌出了许多著名的航海家。他们不惧危险，一直在寻找新的贸易路线和贸易伙伴。

小胡椒的"威胁"

在没有冰箱的年代，欧洲人都是用香料来储藏食物。于是，小小的胡椒成了欧洲人最昂贵的消费之一。为了降低在香料上的开销，人们迫切希望开辟出一条直接通往亚洲的新的贸易通道。

迪亚士

15 世纪，一条从非洲最南端通往东方的航线被发现，西欧的探险家们都跃跃欲试。从小爱好航海的迪亚士受葡萄牙国王的委托，出发寻找非洲大陆的最南端。1488 年，迪亚士和船队抵达了好望角。

胡椒原产于东南亚，是最常用的调味品之一。

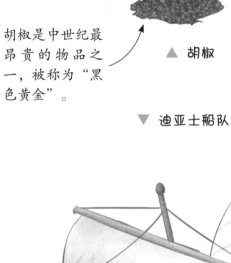

胡椒是中世纪最昂贵的物品之一，被称为"黑色黄金"。

▲ 胡椒

▼ 迪亚士船队

迪亚士的船队包括2条武装舰船和1艘补给船。

风暴中的航行

1487 年，迪亚士率领着由 3 艘船组成的探险队出发了。起初的航行很顺利，行至非洲西海岸时突然遭遇了一场大风暴。咆哮的海浪持续了三天三夜，疲惫不堪的船员们无法继续远航。无奈之下，迪亚士下令返航。在返航途中，迪亚士再次经过那片刮起风暴的海域，并将其取名为"风暴角"。成功返航后，迪亚士向葡萄牙国王汇报，后国王将其改名为"好望角"。

▲ 迪亚士

迪亚士船队为葡萄牙开辟通往印度的新航线奠定了坚实的基础。

献身大海的船长

1500 年，迪亚士带领着由 13 艘船共计 1200 人组成的庞大舰队开始了他的第二次航行。这一次，迪亚士没能躲过突如其来的大风暴。风暴袭击了整个船队，4 艘船只不幸失事，迪亚士遇难身亡。

地理大发现（二）

女王的眷顾

15世纪末期，西班牙女王伊萨贝拉一世统一了分裂已久的西班牙，意欲大力发展航海事业。与此同时，梦想航行去往东方国家的哥伦布积极游说各国国王，以求获得资助。西班牙女王被哥伦布打动，支持哥伦布的计划。

哥伦布受到西班牙国王斐迪南和女王伊莎贝拉接见，并得到了他们的支持。

▲ 哥伦布得到了西班牙女王的支持

误以为的东方

1492年8月3日，哥伦布率领3艘帆船共计90人的队伍起航了，他的目标是"遍地财富"的印度和中国。哥伦布沿着非洲西海岸一路航行，于10月12日抵达一个海岛，他将这片土地命名为"圣萨尔瓦多"，将这里的居民叫作印第安人。这里就是现在的美洲，然而直到去世，哥伦布也坚定地认为自己到达的大陆是亚洲。

"圣玛利亚号"

哥伦布所乘坐的"圣玛利亚号"有一间他个人的专用船舱。哥伦布在这里休息、用餐，也在这里拟定航海计划、撰写航海日志，还在这里制订了一份以作息时间为基础的航行制度。

美洲的土著人

哥伦布和船员们

灾祸的到来

哥伦布打开了通往美洲的大门，欧洲的殖民者由此侵入美洲。随之到达美洲的还有病毒，大量美洲原住民因病毒而死，幸存下来的原住民开始了长期被奴役的生活。

▲ 哥伦布到达美洲

新大陆

1499 年，亚美利哥沿着哥伦布走过的航线踏上了美洲大陆。当时人们都认为这块大陆是亚洲，但亚美利哥却认为这不是亚洲，而是一块新大陆。后来，亚美利哥绘制了粗略的美洲地图，人们因此知道了哥伦布的错误。

亚美利哥率领船队沿着哥伦布开辟的航线到达美洲。

亚美利哥

以他之名

1507 年，瓦尔德泽米勒依据亚美利哥的叙述，对已有的世界地图做了修订，绘出新大陆的轮廓并将这块新大陆命名为"亚美利加"，以纪念亚美利哥。"亚美利加"这个名字也一直流传至今。

▼ 瓦尔德泽米勒修订世界地图

瓦尔德泽米勒

地理大发现（三）

印度之行

哥伦布寻找印度失败之后，忠诚、老练又目光远大的达·伽马成了船长的不二人选。1497 年 7 月 8 日，达·伽马率领 4 艘船和约 150 名船员从里斯本起航，开启了印度之行。在经验丰富的水手带领下，达·伽马穿过印度洋到达了印度西海岸的港口城市卡利卡特。但是达·伽马的贸易拓展并不顺利，穆斯林商人将他们当作竞争对手，并且这里向西的大部分贸易已经被穆斯林所垄断。达·伽马的船队返航时，许多水手死于疾病，其中包括达·伽马的弟弟，船也只剩了 2 艘。1499 年船队回到里斯本时，船员人数只有开航时的一半。

达·伽马曾3次到达印度。

▲ 达·伽马

自大的印度君主

达·伽马到达卡利卡特后，与印度的统治者扎莫林在宫殿的觐见厅会面。达·伽马献上自己准备的礼物，却当众受到众多官员的嘲笑。整场会面的气氛变得尴尬不已，这也为达·伽马再次到访印度时的强硬态度埋下了伏笔。

达·伽马船队中有葡萄牙最顶尖的领航员和水手。

达·伽马乘小船登陆。

野蛮外交

在第一次贸易受阻后，1502 年，达·伽马率领更加强劲的船队前往印度，用武力征服了卡利卡特城。

促成海上霸权的印度总督

1524 年，立下赫赫功绩的达·伽马被任命为印度总督，然而不久后他便染病去世了。在达·伽马的努力下，葡萄牙将东西方的海上贸易航线牢牢掌控在手里，一度成为海上强国。

▼ 被炮轰的卡利卡特城

达·伽马炮轰卡利卡特城，造成严重的伤亡。

▲ 将反对者一一制服

聚集在海边的印度人

地理大发现（四）

不甘屈服的命运

　　曾作为海军游遍大江南北的麦哲伦有着环球旅行的梦想。此时成为海上霸主的葡萄牙却安于现状，不愿再去开辟新的航道，因此麦哲伦的环球航行计划一再被拒绝。1517 年，麦哲伦辗转来到西班牙，说服西班牙国王助他一臂之力。1519 年，麦哲伦开始环球航行。

麦哲伦出生于葡萄牙一个没落的骑士家庭。

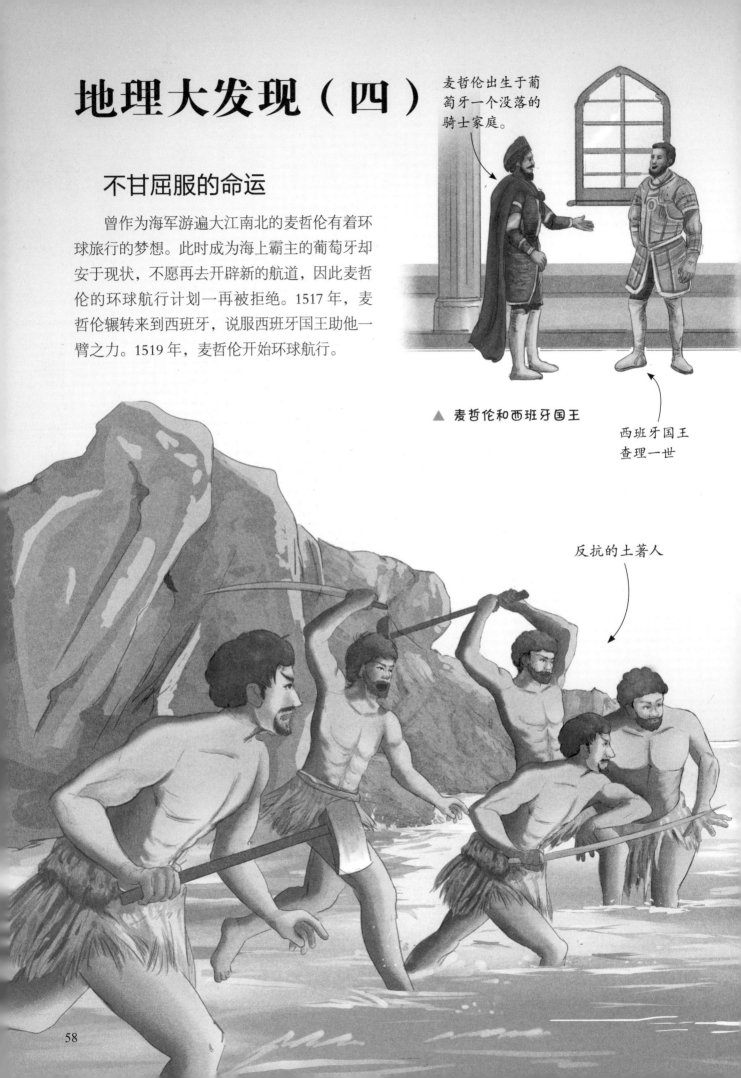

▲ 麦哲伦和西班牙国王

西班牙国王查理一世

反抗的土著人

危机四伏的航行

葡萄牙国王担心麦哲伦的环球旅行会威胁到葡萄牙海上霸主的地位，于是派人混进船队伺机暗杀麦哲伦。与此同时，船队还面临着随时会被风暴掀翻的危险。在内忧外患的局势下，麦哲伦丝毫没有畏惧，他带领着船队抵达了亚洲。

麦哲伦船队完成了人类首次环球航行。

▲ 麦哲伦

麦哲伦之死

1521 年 3 月，麦哲伦船队到达了菲律宾群岛。为了兑现对西班牙王室的承诺，麦哲伦决定要将这里变成西班牙的殖民地，但事情的进展并不如他所愿。在马克坦岛，他们遭到了土著人的顽强抵抗。混战中，麦哲伦身亡。麦哲伦死后，其他船员继续航行。最后仅有 18 名船员回到西班牙，完成了环球首航，证明了麦哲伦所说的"地球是圆的"。

▼ 麦哲伦船队的船员们与土著人发生争斗

麦哲伦在菲律宾群岛传播天主教，还插手各小岛首领之间的争斗。

麦哲伦的船员们

哥伦布式的错误

美洲被发现后不久，西班牙就捷足先登地占领了大部分土地，控制了大片海域。而想分一杯羹的法国，则在国王的默许下做起了海盗营生。其中，有两位特殊的海盗，他们像哥伦布一样去寻找新陆地，但也犯了和哥伦布一样的错误。

海盗胡安的发现

1524 年，海盗胡安从马德拉群岛出发向西航行，目的地是亚洲大陆边陲的中国。几个月后，胡安到达了一片陌生的海岸，他认为那里就是中国东部的海岸，但实际上他到达的是加拿大。

▼ 雅克·卡蒂埃

卡蒂埃是法国探险家，他在法国国王的资助下进行了3次航行。

胡安的后继者：雅克·卡蒂埃

胡安发现加拿大 10 年后，另一名叫雅克·卡蒂埃的海盗也踏上了胡安相同的道路。没多久，他到达现在加拿大的魁北克市。卡蒂埃登陆后就去询问当地的印第安人这是什么地方，印第安人告诉他是"加拿大"，意思是村庄、居住地。和胡安一样，卡蒂埃也认为自己到的是中国。

计划失败

卡蒂埃到达加拿大后并没有立刻返航，而是想要寻找一条能通过北美的路线，可最后他失败了。第二年，卡蒂埃再次出发，试图弥补去年的遗憾。这一次，他还请了两位印第安人为船队领路。

不走运的殖民者

卡蒂埃的船队在返程时恰巧赶上了加拿大的冬天，船员们既要与风浪做斗争，还要抵抗凛冽的严寒，经过千辛万苦才回到了故乡。几年后，不死心的卡蒂埃带着几百名船员再次出发去征服加拿大，可这次他们依然被严寒击败了。数次的失利令卡蒂埃失去了国王的信任。

卡蒂埃的船队将烟草、烟具和吸烟习惯带回了法国，从而促进了烟草在欧洲早期的传播。

▲ 冰雪中前行的船队

长时间在海上的人吃橘子防止坏血病。

小百科

在那次艰难的返程中，卡蒂埃船队牺牲了不少船员，其中有一些船员是死于坏血病。坏血病是古代船员在航海时容易患上的疾病，主要症状是由于缺乏维生素C导致的上吐下泻、营养不良、肢体肿痛等，严重时会夺走人的生命。坏血病也被称为"海上凶神"，预防坏血病最好的办法，就是多吃水果蔬菜，及时补充维生素C。

白令海峡

在北美洲和亚洲之间，有一道狭窄的海峡连接着北冰洋和太平洋，这是来往两洲的最短海上通道，这道海峡就是白令海峡。

彼得大帝的扩张

在西欧国家为了海上霸权你争我夺的时候，一直默默无闻的俄国在彼得大帝的统治下，成功跻身欧洲强国之列。为了打通属于俄国的海上航线，彼得大帝决定组织一支探险队开赴北太平洋。

困难重重的探索

想要前往亚洲东部探险，对当时的俄国来说并不容易，探索队需要从圣彼得堡出发，走陆路跨越西伯利亚才能到达海边。1725年，海军军官白令率领由70多人组成的探险队历经千难万险之后，于1726年到达了鄂霍次克城。后来，他们建造了一艘名叫"圣加夫利尔号"船，并于1728年开启首航。当探险队驶到亚洲最东端时，白令确信亚洲和北美洲之间是隔着海的。只是海面上浓雾弥漫，他错过了近在咫尺的北美洲。

探险队在恶劣的天气中迷失方向。

身后留名的英雄

1741年，白令再次率领探险队起航。这一次没有茫茫浓雾，在通过海峡的那一刻，白令清晰地看到了对面的北美大陆。然而，在返航途中，因探险船触礁无法航行，探险队只能留在荒无人烟的小岛上。同年12月8日，被坏血病折磨得心力交瘁的白令永远地留在了这座小岛上。人们为了纪念他，便以他的名字命名了白令海、白令海峡和白令岛。

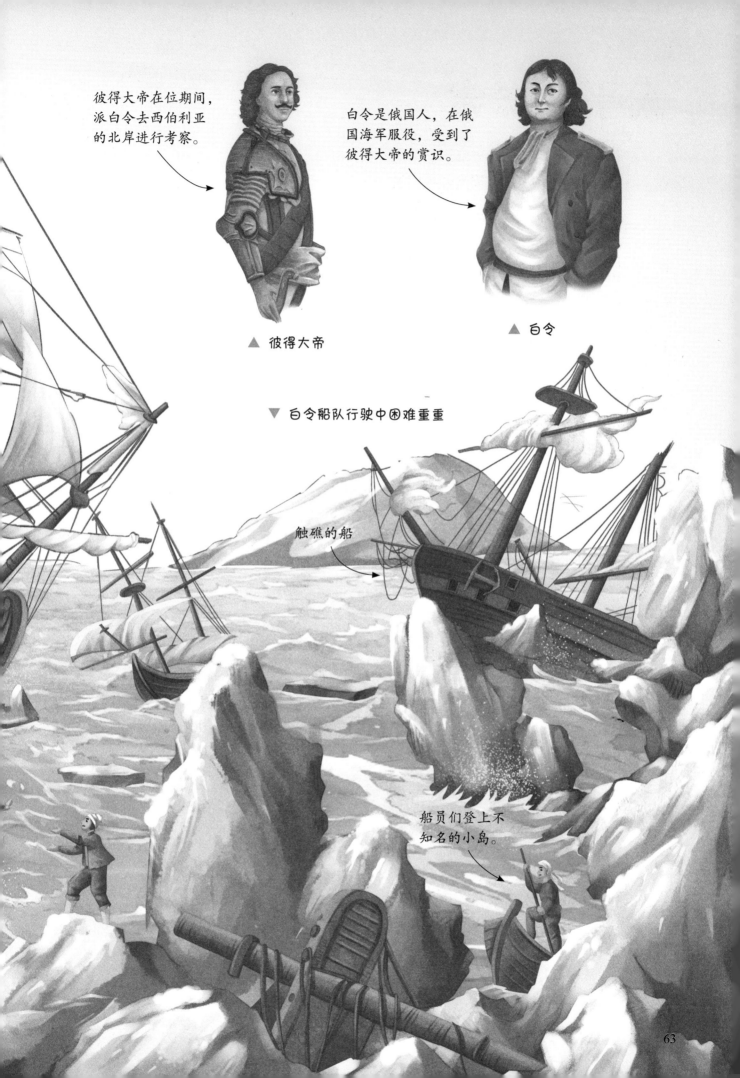

彼得大帝在位期间，派白令去西伯利亚的北岸进行考察。

白令是俄国人，在俄国海军服役，受到了彼得大帝的赏识。

▲ 彼得大帝

▲ 白令

▼ 白令船队行驶中困难重重

触礁的船

船员们登上不知名的小岛。

63

太平洋探索

如今的太平洋中有一个名叫库克群岛的地方，发现它的是一个叫詹姆斯·库克的传奇船长。

库克是英国航海家，曾3次探索太平洋。

▲ 库克船长

库克船长

出生在农民家庭的库克自小就展现出了非凡的才华，在船队中当学徒的时候，他熟练地掌握了各种数学、航海、天文学等领域的知识。库克加入英国皇家海军后，很快晋升为军官，并且担任了太平洋考察队的船长。

意外的发现

1767 年，英国皇家学会准备前往太平洋观测金星凌日。由于考察船由海军提供，身为皇家海军军官的库克便顺理成章地成了考察队的指挥官。1769 年，考察队到达大溪地。虽然这一次的观测没有达到预期的效果，但是库克却在这次航行中意外地发现了现在的澳大利亚。

观测人员在塔希提岛架设的望远镜

▲ 库克的天文观测设备

▼ 库克发现澳大利亚

澳洲原住民

库克船长率领船队穿越南极圈，这是人类第一次穿越南极圈。

夏威夷土著

▲ 库克船长在夏威夷被土著袭击

探寻未知的南方大陆

在完成第一次航海之后，库克擢升为海军中校。1772年，库克再一次接受委托，率领探索队探寻未知的南方大陆，并创下了横跨南极圈的壮举。由于天气环境恶劣，库克寻找南方大陆的愿望落空，但是他绘制了南太平洋航海图。这幅图在航海史上是一项重要成就。

身葬夏威夷海

库克在1776年开始了他的第三次远航，这也成为他的最后一次远航。在初次抵达夏威夷时，库克率领的探险队被土著人奉若神灵。离开夏威夷后不久，船队因船只损坏不得不返回夏威夷修整，这次库克和船员们却得到了大相径庭的待遇。土著人不但抢走他们的东西，还对他们发起了攻击，库克船长在混战之中被刺死，葬身大海。

探索队携带着当时先进的武器。

北冰洋远征

为了得到更多的利益，海上列强纷纷渴望开辟出通过北冰洋通往亚洲的航线。

▼ 巴伦支被困在浮冰上

巴伦支的船被浮冰撞毁。

巨大的浮冰

病重的巴伦支

私掠船船员的征途

16世纪后期，渴望找到通往中国航道的英国商人终于行动了，他们出资组织了一支远航船队，率领船队的是海盗马丁·弗罗比舍。1576年，弗罗比舍率队出发，这次的航行没找到西北航道。但弗罗比舍带回来的因纽特人和可能含金的黑色岩石让英国人产生了极大的兴趣。

北冰洋航行

在英国女王伊丽莎白一世的支持下，弗罗比舍又进行了两次远航，结果依旧不如人意。他运回国的黑色岩石，经过鉴定并不含黄金。寻金失败让弗罗比舍放弃了寻找西北航道的计划，但是作为第一个探测北冰洋的航海家，他的经历激励着后来的探险家们。

弗罗比舍认为这种岩石是金矿石。

▲ 弗罗比舍发现了一种黑色岩石

争取独立的"海上马车夫"

16世纪末，荷兰在世界海洋贸易中扮演着重要的角色。在西班牙的统治下，荷兰力求独立。1594年，探险家巴伦支的一次远征引起了阿姆斯特丹商会的兴趣。1595年，在荷兰政府支持下，巴伦支带领远征队去寻找新的航道，并沿途销售荷兰的货物。

巴伦支最后几乎到达了北极圈。

▲ 巴伦支

巴伦支的北冰洋探险

1596年，巴伦支开始了他的第三次探险。这一次，他成功绕过了新地岛的最北端，却因为船只被毁而被困在新地岛。1597年，巴伦支在返回荷兰的航程中去世。

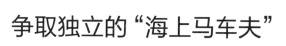

到达极地

征服人类未曾踏足的极地，是航海探险家们一直以来的夙愿。在克服了严寒、冰冻、物资匮乏等一系列困难之后，探险家终于得偿所愿，踏上了南极和北极。这不仅是勇敢的英雄故事，还是人类探索未知的科学实践。

皮里曾在北极地区生活了4年，他学会了建造雪屋、指挥狗拉雪橇。

临时营地

屡败屡战的北极征服者

一个世纪以前，英国政府拨出一笔奖金准备奖励第一个到达北极的人，在这笔奖金的激励下，探险家们纷纷出发。罗伯特·皮里也在其中，为了这次探险，他做了充分的准备，但是因为种种原因，前两次探险北极全部失败了，为此他还失去了大部分的脚趾。

1909年，皮里再次向北极进发。在总结了前几次的经验教训之后，他调整部署，终于在当年的4月6日到达了北极点。

雪橇犬是探险家在极地的帮手。

退而求其次的第一名

在皮里向着北极进发时，挪威探险家罗尔德·阿蒙森也准备去北极探险，但是皮里的捷足先登让阿蒙森不得不转道向南极进发。不巧的是，英国海军军官斯科特组织的探险队也在他之前出发了。不甘再次落于人后的阿蒙森经过一年多的准备，于1911年12月14日成功抵达南极点。

阿蒙森是挪威极地探险家。

极光常常出现在
南北极上空。

南极大陆被
冰山覆盖。

企鹅是不会飞的鸟，它
的翅膀进化成鳍状，十
分擅长游泳。

▼ 阿德利企鹅

阿德利企鹅的见证

　　迪蒙·迪维尔是法国的航海家，经验十分丰
富。1837 年，他从法国东南部出发，开始了南极
探险之旅。经过两年的海上航行，迪维尔终于踏
上了南极大陆的一处荒岛。在荒岛上，他发现了
一群憨态可掬的南极企鹅，他给它们起名为"阿
德利"——这是他妻子的名字。

海盗的"黄金时代"

海盗，这个在大航海时代新兴的"职业"，在劫掠的同时，也间接打通了海上贸易的航线。

卡特琳娜被称为"海盗女王"。

标志性的红发

卡特琳娜曾统领10艘船，数千海盗。

▲ 卡特琳娜

独一无二的海盗女皇

西班牙有一个出名的红发女海盗，名字叫卡特琳娜，她的一生堪称传奇。卡特琳娜的父亲是巴塞罗那船王，18岁时，她因为不喜欢父亲安排的生活而离家出走。她剪掉长发，女扮男装，干过各种工作，后来还参加了陆军。命运弄人，在一次暴乱中她错手杀了自己的哥哥，悲痛欲绝之下她扮成男人加入海盗。当被推举为新的船长时，卡特琳娜恢复了女儿身，那一头红发成了她的标志。经过长达10年的海上征战与杀伐，卡特琳娜逐渐成为海盗女王。她有一条不成文的规定：不袭击来往的西班牙船只，甚至还会救助落难的西班牙商船。

海盗们抢劫商船。

明末"海王"郑芝龙

你知道收复台湾的郑成功吗？他的父亲郑芝龙是明末清初一位大名鼎鼎的海盗。郑芝龙年轻时去了日本，在那里遇到了大海商李旦。凭借着非凡的胆识和商业头脑，郑芝龙获得了李旦的信任，并得到了李旦在台湾的产业。李旦身死之后，自立门户的郑芝龙回到台湾，建起了自己的"海上帝国"。他拥兵数万，威望极高，在明朝的几次招抚之下归顺朝廷。明朝覆灭之后，郑芝龙被清廷软禁，后因清廷招安郑成功失败而被连累处死。

▲ 郑芝龙

标准黑胡子海盗

黑胡子海盗爱德华·蒂奇是传说中最残忍的海盗，他的标志是一把浓密的络腮胡。疯狂的蒂奇使整个大西洋笼罩在挥之不去的恐怖中。他的势力不断壮大，他的野心也越发膨胀。1718 年，蒂奇率队封锁了查尔斯顿，将港口的商船洗劫一空。最终蒂奇死在了英军梅纳德中尉的手里。

全盛时期，黑胡子拥有 4 艘帆船组成的海盗舰队。

◀ 爱德华·蒂奇

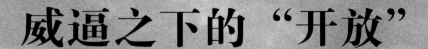

威逼之下的"开放"

在西方结束封建统治走上资本主义道路的时候，远在大洋彼岸的东方国家还在闭关锁国。西方列强为了开拓海外市场、掠夺生产资料和夺取资本输出场所，把手伸向了东方国家。在列强的威逼利诱之下，封建王朝紧闭的大门被迫开放。

封闭的天朝上国

明朝建立不久，朱元璋就实施了海禁政策，虽然永乐年间郑和七下西洋，但也仅仅是朝贡贸易。乾隆时期，清朝自诩为物产丰富、自给自足的"天朝上国"，认为不需要与外界进行贸易往来，几乎断绝了与外界的一切交流。

利益驱使的开放贸易

明清时期的海禁政策并不是一直持续的。元末明初的海禁政策在隆庆年间被解除，政府允许民间私人赴海外通商；清朝时期康熙废止海禁，与西方国家的海上贸易往来逐渐频繁。这都为当时的政府带来了不菲的收入。

▼ 民间百姓与外国人通商

▲ 第一次鸦片战争

国门大开

清朝道光年间，英国为了捞回流入清朝的白银，对华走私鸦片，获取暴利。林则徐的禁烟措施以及清朝皇帝断绝中英贸易的命令，严重损害了英国的利益。1840 年 6 月，英国出兵广州，第一次鸦片战争爆发。1842 年 8 月，中英签订《南京条约》，清朝的国门从此被迫打开。

直指日本

同一时期，中国的邻国日本也难逃厄运。1853 年，4 艘美国军舰像黑漆漆的怪兽一样，轰鸣着挺近江户湾，舰上36 门巨炮直指日本国土。自知无力抵抗的日本政府选择了妥协。就这样，美国打开了日本的国门。

美国海军

▲ 美军进入日本